Das autobiografische Gedächtnis in Extremsituationen

Menua Soleimani

Bibliografische Information der Deutschen Nationalbibliothek:

Die Deutsche Nationalbibliothek verzeichnet diese Publikation in der Deutschen Nationalbibliografie; detaillierte bibliografische Daten sind im Internet über http://dnb.d-nb.de abrufbar.

ISBN: 9783346351906
Dieses Buch ist auch als E-Book erhältlich.

Hamburger Fern-Hochschule

Studiengang Psychologie B.Sc.

Hausarbeit

Das autobiografische Gedächtnis in Extremsituationen

Modul: Pädagogische Psychologie I (PG1)

Herbstsemester

von

Menua Soleimani

Abgabedatum: 07.08.2020

Inhaltsverzeichnis

Abkürzungsverzeichnis

BGH   Bundesgerichtshof

bzgl.   bezüglich

bzw.   beziehungsweise

ebd.   ebenda, ebendort

eds   editor/s (Herausgeber)

f.   folgende

ff.   fortfolgende

Hrsg.   Herausgeber

m. E.   meines Erachtens

pp.   pages (Seiten)

S.   Seite

u. a.   unter anderem

Univ.   University

usw.   und so weiter

z. B.   zum Beispiel

1 Einleitung

Im Hinblick auf das menschliche Gedächtnis haben die Menschen[1] häufig die Auffassung, die Details einer Situation exakt abgespeichert bzw. sich gemerkt zu haben. Oft sind sie sogar der Überzeugung, sie könnten jederzeit alle wesentlichen Fakten abrufen und in chronologisch präziser Reihenfolge wiedergeben, fehlerfrei natürlich. Tatsächlich sind das autobiografische Gedächtnis und die Reproduktionsleistung des Menschen jedoch nicht in der Lage, dieser Idealvorstellung grundsätzlich zu entsprechen. Das Gedächtnis der Menschen durchlebt verschiedene Entwicklungsphasen und ist gleichzeitig diversen Umwelteinflüssen wie zum Beispiel dem „seriellen Positionseffekt" (Ebbinghaus, 1913) ausgesetzt. Pohl (2007, S. 165 ff.) beschreibt das autobiografische Gedächtnis als „subjektiv verzerrten Rekonstruktionsprozess".

Im Alltag wird häufig der Terminus Kurzzeitgedächtnis und/oder Langzeitgedächtnis verwendet. In der pädagogischen Psychologie hat sich seit 1968 das „Drei-Speicher-Modell" nach Atkinson & Shiffrin (1968, S. 89 ff.) etabliert und dabei wie folgt unterteilt: Ultrakurzzeitgedächtnis, Kurzzeitgedächtnis und Langzeitgedächtnis. Ausgehend von einem gesund entwickelten Gehirn, ohne neurologische Störung, kann man davon ausgehen, dass die Funktionalität des autobiografischen Gedächtnisses von Mensch zu Mensch unterschiedlich entwickelt ist. Doch warum ist das so? Welche Ursachen sind für diese Wirkung verantwortlich? Dies wird in den nachfolgenden Kapiteln näher beleuchtet. Daran anknüpfend soll besonders auf das Phänomen der Reproduktionsleistung des menschlichen Gedächtnisses in Ausnahmesituationen eingegangen werden, wie z. B. bei einer Vernehmung durch Ermittlungsbehörden oder während einer Aussage vor Gericht. Häufig stoßen beispielsweise die Polizei und die Gerichte auf Schwierigkeiten bei der Verbrechensaufklärung, da Zeugenaussagen nicht verwertbar sind. Auch eidesstattliche Zeugenaussagen, die mit voller Überzeugung und nach bestem Wissen und Gewissen getroffen wurden, erweisen sich oft als falsch. Ein Grund hierfür ist z. B. die Suggestion bzw. die Suggestibilität der Zeugenaussagen (Volbert, 2008, S. 331 ff.), die in den nachfolgenden Kapiteln detaillierter betrachtet wird.

---

1) Um die Lesbarkeit dieser Arbeit zu vereinfachen wird im Text i. d. R. die männliche Form gewählt (geschlechtsunabhängig). Die Leserinnen bitte ich um Verständnis für dieses Konstrukt.

Mit dieser Arbeit soll folgende Fragestellung beantwortet werden: Welchen Zusammenhang gibt es zwischen der Reproduktionsleistung des autobiografischen Gedächtnisses in Extremsituation und den Scheinerinnerungen, die zu falschen Aussagen führen?

2 Das Gedächtnis

Den Begriff Gedächtnis verwendet man häufig im Alltag, doch was genau versteht man darunter? Nach Mair & Hacke (2016, S. 90), kann man das Gedächtnis sowohl als Prozess als auch als Struktur auffassen. Entsprechend wird im Hinblick auf die Verarbeitung von Informationen zwischen dem „Prozessmodell" und dem „Strukturmodell" unterschieden.

Das Prozessmodell untergliedert sich bezüglich der Informationsverarbeitung in drei Teilbereiche bzw. Teilaufgaben:

1. Enkodierung (Aufnahme)
2. Konsolidierung (Speicherung)
3. Abruf (Erinnern)

Das Strukturmodell lässt sich in zwei Teile unterteilen:

1. Kurzzeitgedächtnis, auch Arbeitsgedächtnis genannt.
2. Langzeitgedächtnis, auch als Altgedächtnis bezeichnet, das – wie in der Abbildung 1 dargestellt - eine komplexe neuronale Struktur besitzt.

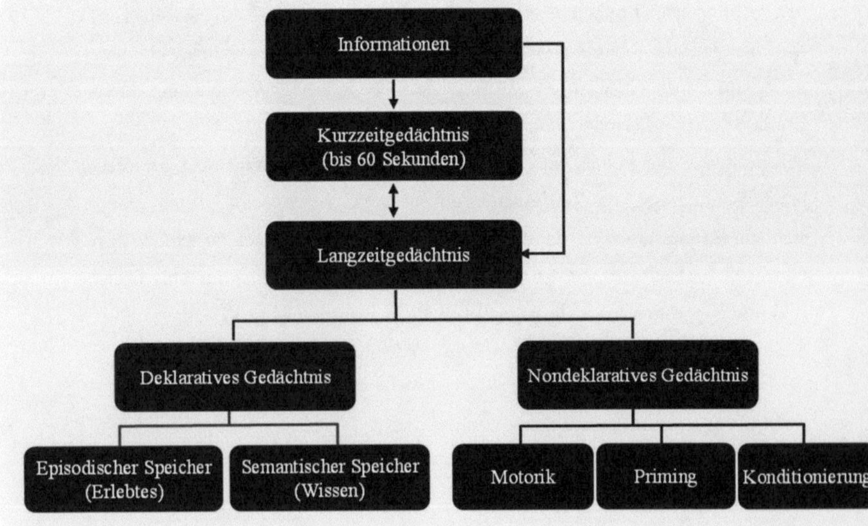

Abb. 1: Strukturmodell Gedächtnis (Abbildung in Anlehnung an Mair & Hacke, 2016, S. 90)

Eine interessante Tatsache in diesem Zusammenhang ist die „Kindheitsamnesie" (Pohl, 2007, S. 108 ff.). Demnach erinnern sich Erwachsene rückblickend erst ab dem dritten Lebensjahr an Ereignisse und können Informationen, die vor dieser Zeit liegen, nicht aufrufen. Knopf, Goertz & Kolling (2011, S. 85 ff.) gehen von dem Standpunkt aus, dass eine fehlende Verbalisierung des Wahrgenommenen als Ursache hierfür zu sehen ist. Allerdings haben Schneider & Lindenberger (2012, S. 413 ff.) nachgewiesen, dass bereits Babys und Kleinkinder das Prinzip des Prozessmodells durchführen. Sie enkodieren, konsolidieren und rufen ebenso ab, wie dies Menschen ab dem Alter von drei Jahren tun.

Schulz, Hess & Ludolph (2019, S. 649 ff.) unterteilen das Gedächtnis „nach den Kategorien deklarativ (Wissen, dass sich etwas ereignet hat) oder prozedural (Wissen, wie Handlungsabläufe ausgeführt werden)." „Dabei werden zwei Formen des deklarativen Gedächtnisses unterschieden:

- Das semantische (Wissen über Fakten und generelle Aspekte)
- Das episodische (beinhaltet persönliche Erlebnisse)" (ebd. S. 649 ff.).

Das nächste Kapitel behandelt das episodische (autobiografische) Gedächtnis, das dem deklarativen Gedächtnis zugeordnet wird und dort für die Verarbeitung sowie für den Abruf des Erlebten verantwortlich ist.

2.1 Unser episodisches Gedächtnis

Betrachten wir zunächst die folgende Aussagen aus der Forschung:

Tausende von Erfahrungen, die mit unterschiedlichsten Verhaltensvarianten in vielen verschiedenen Situationen gemacht wurden, werden im autobiografischen Gedächtnis gespeichert. Diese Speicherung schließt die in den einzelnen Episoden angetroffenen Ausgangsbedingungen, die ausprobierten Handlungsvarianten und die erlebten Handlungsfolgen sowie die dadurch ausgelösten Emotionen ein (Kuhl, 2018, S. 394).

Demnach könnte man die Behauptung formulieren, dass jede Situation im episodischen (autobiografischen) Gedächtnis abgespeichert wird. Alles Erlebte, also unabhängig von der Bedeutsamkeit und von der zeitlichen Folge, gleich bewertet wird. Es ist jedoch nicht so! Pohl (2007, S. 45 f.) spricht in diesem Kontext von einer Abhängigkeit der emotionalen Betroffenheit einer Person. Ereignisse, insbesondere Überraschungen (im Sinne von unerwarteten Situationen) und emotional herausfordernde Erlebnisse, sind ausschlaggebend für die Konsolidierung im episodischen Gedächtnis. Zudem sollte man hierbei berücksichtigen, dass die Wahrnehmung, Verarbeitung und insbesondere Empfindung von Emotionen sehr subjektiv stattfinden. Menschen werden demnach z. B. auch unterschiedlich über einen Tathergang berichten, die Details subjektiv bewerten und wiedergeben sowie bzgl. des Erlebnisses unterschiedlich reagieren.

Geht man noch einen Schritt weiter und integriert Motivationen in diesen Prozess, so kann man Folgendes feststellen:

Implizite Motive sind sehr eng mit affektiv getönten Erfahrungen verknüpft. Dies zeigen die Befunde zur Erinnerung autobiografischer Erlebnisse. Probanden, die aufgefordert werden, emotionale Höhepunkte ihres Lebens zu beschreiben, berichten vorwiegend Ereignisse, die ihren impliziten Motiven thematisch entsprechen. Machtmotivierte Personen erinnern sich an Erfahrungen bzgl. persönlicher Stärke. Intimitätsmotivierte Personen erinnern sich an Erfahrungen bzgl. zwischenmenschlicher Nähe (Brunstein, 2018, S. 282).

Ausgehend von dieser Forschungserkenntnis, könnte man Folgendes behaupten: Auf die Leitfrage spiegelnd, müsste man feststellen können, dass die Beschreibungen über einen Täter oder über den Tathergang an jeweils „implizite Motive" anknüpfen. Hypothetisch betrachtet würde dies bedeuten, dass tiefverankerte subjektive Motivationen und Bedürfnisse bereits während der Enkodierung auf den Gedächtnisprozess Einfluss nehmen und dazu führen, dass objektiv vorhandene Informationen nicht vollständig erfasst werden. Im nächsten Schritt wäre auch die Konsolidierung aufgrund fehlender Details verzerrt.

Während sich diese Aussagen von Brunstein (2018, S. 282) auf gesunde Personen, ohne neuronale Störung, beziehen, finden sich im Gegensatz dazu bei Menschen mit neuronaler Erkrankung Defizite in der Informationsverarbeitung des episodischen Gedächtnisses. Manche Forscher gingen davon aus, dass amnestische Patienten massive Probleme beim Erinnern von autobiografischen Ereignissen haben, dabei können diese Patienten völlig normal lesen, schreiben und sonstige Probleme lösen. Das könnte bedeuten, dass bei diesen Patienten das benötigte semantische Wissen unbeeinträchtigt wäre. Dies könnte als Dissoziation zwischen dem episodischen und dem semantischen Gedächtnis bewertet werden. Fraglich ist aber, dass etwa amnestische Patienten massive Gedächtnisprobleme bei neuen Ereignissen und Fakten haben, wenn bei ihnen Schädigungen des medialen Temporallappens vorliegen. Bei Patienten, bei denen eine zusätzliche starke Schädigung im Frontallappen festgestellt wurde, gibt es Hinweise auf einen eher episodischen Wissensverlust als auf einen semantischen Wissensverlust (Buchner, 2012, S. 543).

Buchner (2012, S. 544) beschreibt weiter, dass „semantisches Wissen redundanter repräsentiert" ist als „episodisches Wissen". Entsprechend verhaften Erinnerungen im autobiografischen Gedächtnis länger, sie sind also beständiger. Die Relevanz dieser Erkenntnis, die auf Tulving (1999) zurückgeführt wird, spielt eine große Rolle für das Verständnis über das deklarative Gedächtnis. Denn hier sieht Tulving eine Trennung zwischen episodischem und semantischem Gedächtnis. Insbesondere ist die Tatsache interessant, dass beide Prozesse im Langzeitgedächtnis stattfinden, jedoch im direkten Vergleich, nur das episodische Gedächtnis nachweislich über Jahrzehnte Informationen konsolidieren und abrufen kann.

Eine weitere relevante Betrachtung wurde in den 1920er Jahren eingeführt. Der französische Soziologe Maurice Halbwachs (1877-1945) entwickelte den Begriff des kollektiven Gedächtnisses. Sein Werk *„Das Gedächtnis und seine sozialen Bedingungen"* erschien 1925 in der französischen Originalfassung und ist bis heute maßgebend für die Forschung zu dem Thema kollektives Gedächtnis (u. a. Halbwachs, 1991).

Nach Halbwachs (1991) ist das kollektive Gedächtnis nicht nur gemeinsam geteiltes Gedächtnis, sondern ein gruppenbezogener Wissensbestand, der sich von anderen unterscheiden lässt.

Bezüglich des Erinnerungsvermögens geht man in der Forschung davon aus, dass es Hinweisreize gibt, die als Erinnerungsauslöser gelten. Das Ausbleiben der Hinweisreize kann dazu führen, dass man sich nicht erinnern kann bzw. Erlebnisse ganz vergessen kann (Pohl, 2007, S. 39).

Eine andere Betrachtungsweise stellt der Ansatz des kommunikativen Gedächtnisses nach Welzer (2017, S. 12 ff.) dar. Seiner Ansicht nach ist das kollektive Gedächtnis ein Ergebnis von gesellschaftlicher Kommunikation. Immer wiederkehrende Aussagen in den Medien und während zwischenmenschlicher Interaktionen führen demnach zur Festigung von Gedanken bzw. Erlebnissen, von denen man selbst nur indirekt betroffen ist.

Als persönliches Beispiel sollen in diesem Zusammenhang die Ereignisse des 11. September 2001 genannt werden. In diesem konkreten Beispiel war ich nur Zuschauer aus einer sicheren Entfernung von mehr als 5.000 Kilometern. Ich war zu diesem Zeitpunkt neun Jahre alt. An diesem Dienstagmorgen hatte ich keine Schule (sondern Freistunden) und blieb entsprechend zuhause, frühstückte und schaute ein wenig Fernsehen. Das Faszinierende und gleichzeitig Erschreckende ist aus meiner Sicht die Tatsache, dass mir beinahe jedes Detail bildlich im Gedächtnis geblieben ist: Plötzlich schalteten alle Fernsehsender das laufende Programm ab und wechselten in eine Live-Berichterstattung, die mehr improvisiert als geplant erschien. Der Fernsehmoderator Peter Klöppel berichtete auf RTL mit trauriger Stimme und sichtlicher Betroffenheit von den Ereignissen in New York. Dieses Ereignis hatte keinen direkten, unmittelbaren Zusammenhang zu meinem Leben oder zu meinem Umfeld. Dennoch sind diese umfangreichen Details in meinem Gedächtnis haften geblieben.

Ausschlaggebend für die Prägung dieser Erinnerung sind einerseits der emotionale Schock aufgrund der Bilder und Reaktionen (Ausnahmesituation) und andererseits die permanente Wiederholung der Ereignisse in sämtlichen Medien. Es gab kein Ausweichen mehr bezüglich dieses Themas. Meines Erachtens ist bei diesem Beispiel sowohl das kollektive Gedächtnis als auch das soziale kommunikative Gedächtnis dafür verantwortlich, dass bei mir bis zum heutigen Tage noch so viele kleine Details dieses Ereignisses in diesem Umfang präsent sind.

Bis hierhin wurde verdeutlicht, was man im Allgemeinen unter dem episodischen (autobiografischen) Gedächtnis versteht, welchen strukturellen Aufbau es hat, wo es lokalisiert ist, wie es sich innerhalb des deklarativen Gedächtnisses abgrenzt und welchen Einfluss es auf das menschliche Leben ausübt. Da zudem auch deutlich geworden ist, dass das autobiografische Gedächtnis nur bedingt auf redundante Informationen reagiert, ist im nächsten Kapitel – hinsichtlich der Beantwortung der Leitfrage – der Reproduktionsprozess in Ausnahmesituationen zu klären.

2.2 Ein juristischer Diskurs

„Aussage- und Wahrheitspflicht

Der Zeuge ist [...] verpflichtet [...] eine wahrheitsgemäße Aussage zu machen. [...] Macht [...] eine nicht wahrheitsgemäße Zeugenaussage, macht er sich zumindest wegen uneidlicher Falschaussage nach § 153 StGB strafbar, im Falle einer Vereidigung sogar wegen Meineides nach § 154 StGB. […]" (Klingenberg, 2017).

Dies verdeutlicht die Bedeutung der Thematik glaubwürdiger oder nicht glaubwürdiger Aussagen, hier speziell für Zeugen bzw. Zeugenaussagen. Dabei ist auch die Relevanz für alle anderen Betroffenen nicht außer Acht zu lassen. Die Auswirkung einer Aussage kann einen Prozess in die eine oder andere Richtung verändern und - je nach Blickwinkel - einen besseren oder schlechteren Ausgang bewirken. Ausgehend von der Aussage- und Wahrheitspflicht könnte man annehmen, dass sich die Befragten zu ihren Aussagen intensive Gedanken machen, die Vorgänge chronologisch ordnen und ausschließlich wahrheitsgemäße und valide Aussagen treffen. Doch wann wird aus einer Aussage eine Falschaussage?

Der BGH (Bundesgerichtshof) vertritt seit 1999 hinsichtlich „der Glaubhaftigkeit einer Aussage" die Nullhypothese in der Rechtsprechung. Demnach ist jede Aussage zunächst als Falschaussage zu deuten, bis hinreichend „positive Realkennzeichen vorliegen". Hierzu wurden „acht Qualitätskriterien" festgelegt, die ausgehend von dieser Grundannahme – im Rahmen einer Inhalts- und Konstanzanalyse – zur Glaubwürdigkeit einer Aussage führen können (Artkämper & Schilling, 2014, S. 50):

Abb. 2: Acht Qualitätskriterien zur Überprüfung der Glaubhaftigkeit einer Aussage (Eigene Abbildung, zu den Inhalten der Abbildung siehe ebd., 2014, S. 53)

2.3 Das autobiografische Gedächtnis in Extremsituationen

Betrachten wir nun wieder den psychologischen Schwerpunkt, zunächst anhand folgender Aussage:

> „Zeugen, die Aussagen im Zusammenhang mit Gewaltverbrechen vor Gericht vorbringen, sind nicht selten durch die erlebte Tat traumatisiert. Es besteht allerdings nicht ausschließlich bei direkten Opfern psychischer oder physischer Gewalt die Gefahr einer Traumatisierung, sondern auch bei Beobachtern des Geschehens" (Retz-Junginger & Retz, 2019, S. 519 ff.).

In diesem Zusammenhang sprechen die Autoren von „Recovered-Memories" (ebd. 2019, S. 519 ff.). Dies ist als ein Phänomen zu verstehen, das besagt, dass über lange Dauer nicht abrufbare Erinnerungen (insbesondere von den Betroffenen selbst) dann plötzlich wieder präsent seien. Dabei sei es schwierig bis gar unmöglich, Suggestion und Realereignis zu differenzieren. Diese Form von Erinnerung kann sich über Jahrzehnte unbewusst im Gedächtnis befinden. Der Trigger, der eine solche Erinnerung wieder hervorruft, kann sehr unterschiedlich sein. Gerade aufgrund verschiedener Auslöser, wird vor Gericht geprüft, ob die Erinnerungen das Ergebnis einer Psychotherapie sind oder anderweitig hervorgerufen wurden. Die Justiz möchte demnach authentische Erinnerungen (und daraus resultierende Aussagen) gewährleisten (ebd., 2019, S. 519 ff.).

„Individuelle Vulnerabilität für die Entwicklung von „False Memories":

Das fälschliche Erinnern von Ereignissen oder Elementen eines Ereignisses stellt kein Exklusivphänomen einer bestimmten Personengruppe dar. Es ist davon auszugehen, dass jede Person unter gewissen Umständen gefährdet ist, Scheinerinnerungen zu entwickeln" (ebd., 2019, S. 519 ff.).

Das Alter ist ein entscheidender Parameter hinsichtlich der Ursachen von Scheinerinnerungen (retractors). Demnach seien insbesondere junge Kinder anfällig, ältere hingegen signifikant weniger. Kinder ließen sich auch dahingehend beeinflussen, bei anhaltender Konfrontation inkorrekter Informationen, die gewünschte Antwort zu geben (Schooler & Loftus, 1993, S. 177 ff.).

Es existieren sowohl innere als auch äußere Faktoren (siehe Abbildung 2), die zu Scheinerinnerungen führen. Die falschen Erinnerungen können während der gedanklichen Suche oder ad hoc entstehen (Rohmann, 2018, S. 23 ff.).

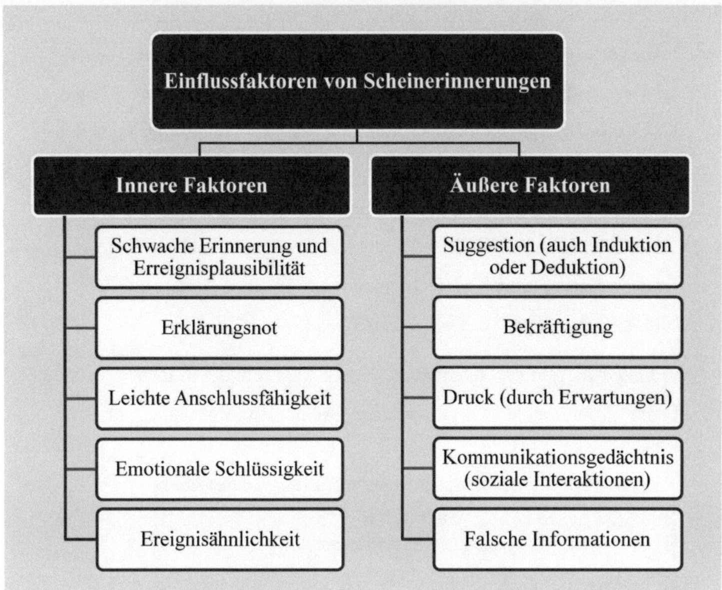

Abb. 3: Einflussfaktoren von Scheinerinnerungen (ebd. 2018)

In der Literatur der Rechtspsychologie beschreibt man Begriffe, wie z. B. „personale Risikofaktoren" und „situative Risikofaktoren". Diese Risikofaktoren können zu falschen Gedächtnissen und dadurch auch zu falschen Aussagen des Individuums beitragen. Personale Risikofaktoren sind intellektuelle Defizite. Diese können mit erhöhter Suggestibilität und psychiatrischen Erkrankungen sowie mit Persönlichkeitsstörungen, inkl. Realitätsverzerrungen, verbunden sein. Manche Vernehmungsmethoden, wie z. B. falsche Behauptung durch den Vernehmer bzgl. des Vorliegens objektiver Beweise, schaffen potenzielle Bedingungen, durch die falsche Gedächtnisse bei dem Vernehmenden entstehen können (Steller, 2020, S. 65 ff.).

Betrachten wir die Suggestion in diesem Zusammenhang nochmal genauer: Alle Formen der Beeinflussung, z. B. Gespräche, Befragungen usw. werden als Suggestion bezeichnet, wenn dadurch ein Individuum seine Informationen assimiliert und dementsprechend (bzgl. eines Ereignisses) aussagt. Dies kann zu einer Beeinträchtigung der Verlässlichkeit seiner Aussagen führen, da die Validität der Aussagen durch suggestive Einwirkungen nicht mehr gegeben ist. Durch die suggestiven Störeffekte könnte ein Flaschenhalseffekt entstehen (Retz-Junginger & Retz, 2019, S. 519 ff.).

Sowohl vor Gericht als auch während einer Vernehmung reagieren involvierte Personen, insbesondere die Befragten, – in den meisten Fällen – sehr unterschiedlich und erratisch (sprunghaft). Diverse Motive und individuelle Gegebenheiten erschweren - z. B. bei einem Kriminalfall -die Ermittlungsarbeit und den Ermittlungserfolg. Vernehmungen und Gerichtsprozesse, gerade bei der Aufklärung von Verbrechen, stellen für alle Beteiligten eine Extremsituation dar. Neben den oben beispielhaft erwähnten Einflussfaktoren, soll auch im Folgenden eine grundlegende Betrachtung von Kommunikation erfolgen, um beurteilen zu können, ob die Aussagen den Tatsachen entsprechen können.

Das in Abbildung 4 dargestellte Kommunikations-Quadrat bildet in diesem Sinne beispielhaft die Komplexität der zwischenmenschlichen Kommunikation ab (Schulz von Thun, 2010, S. 15).

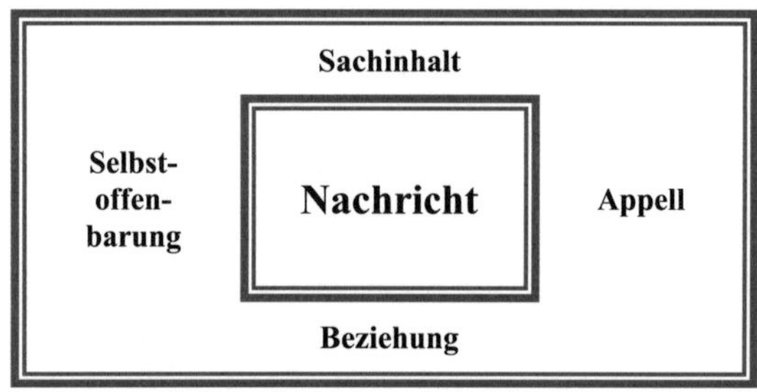

Abb. 4: Vier Seiten der Nachricht – Ein Modellstück der zwischenmenschlichen Kommunikation (Darstellung in Anlehnung an ebd., 2010, S. 15)

So ist bei einer Aussage nicht unbedingt klar, ob das Gesagte als reine Sachinformation zu verstehen ist oder ob sich auch Aspekte der Selbstoffenbarung, der Beziehung oder des Appels in der Aussage befinden. Auch der Umfang oder die Gewichtung der einzelnen Aspekte einer Nachricht können den Aussagegehalt oder die Glaubwürdigkeit einer Aussage beeinflussen. Diese Interpretationen gemäß den vier Seiten einer Nachricht finden dabei grundsätzlich sowohl auf der Seite des Senders (des Aussagenden) als auch des Empfängers der Aussage statt, so dass dies auf beiden Seiten zu entsprechenden Veränderungen beim Senden oder Empfangen der Nachricht (Aussage) führen kann.

Bei der zwischenmenschlichen Kommunikation scheint es immer einen schmalen Grat zwischen der Wahrheit und der Lüge zu geben. Hinzu kommen viele unterschiedliche subjektive Betrachtungsweisen, Bedürfnisse und Ziele der Kommu-

nikationspartner, die zur Komplexität führen können. Die Grenzen der Wahrheitsfindung verschieben sich dynamisch zwischen psychologischen, juristischen und
individuellen Einflüssen.

3 Fazit

Zusammenfassend kann man festhalten, dass „das Gedächtnis" ein strukturell sowie
prozedural komplexes neuronales System darstellt. Verschiedene wissenschaftliche
Theorien beschäftigen sich mit seinen einzelnen Funktionen und Strukturen. Aus
persönlicher Sicht kann ich sagen, dass dies ein sehr faszinierendes, hochkomplexes
und bewusstseinserweiterndes Themengebiet repräsentiert.

Hinsichtlich der Beantwortung der Leitfrage – *Welchen Zusammenhang gibt es
zwischen der Reproduktionsleistung des autobiografischen Gedächtnisses in
Extremsituation und Scheinerinnerungen, die zu falschen Aussagen führen?* –
komme ich zu dem folgenden Ergebnis:

Episodische, emotionale Erlebnisse werden individuell wahrgenommen, verarbeitet
und im autobiografischen Gedächtnis gespeichert. In Abhängigkeit individueller
persönlicher Determinanten sowie situationsbedingt, werden Informationen unterschiedlich abgerufen und rekonstruiert. Dieser Prozess kann zwar immer zu einer
Aussage führen, jedoch kann diese beispielsweise inhaltslos, vollständig, brüchig
oder gar frei erfunden sein. In jedem Fall ist sie immer subjektiv und für den Kommunikationspartner nie zweifelsfrei verifizierbar. Die Beurteilung, ob und wann
eine Aussage richtig oder falsch ist, hängt von den jeweiligen Motiven, situativen
Bedingungen und den insgesamt vorliegenden (geäußerten) Informationen ab.

Ereignisse, wie mein eigenes angeführtes Beispiel zum 11.09.2001, die Extremsituationen darstellen, haben einen zentralen Einfluss auf die menschliche Wahrnehmung, deren Festhaltung im Gedächtnis und auch auf die Wiedergabe des
Ereignisses. Die Enkodierung und Konsolidierung solcher Erlebnisse finden episodisch statt. Der Abruf dieser Ereignisse kann aufgrund diverser Gegebenheiten, wie
beispielsweise Traumata oder Erkrankungen, nur teilweise oder fehlerhaft abgerufen werden. Doch nicht jede Aussage, die z. B. den acht Qualitätsmerkmalen des
BGH nicht entspricht, ist zwangsläufig als Lüge (absichtliche Fälschung der
Wahrheit) zu bewerten. Es ist durchaus annehmbar, dass insbesondere in Fällen
traumatischer Erlebnisse eine Art Schutzfunktion in Kraft tritt und bestimmte
Bilder und Empfindungen nicht mehr oder nur teilweise abrufbar sind. In solchen

Fällen können zudem auch innere und äußere Faktoren sogenannte Scheinerinnerungen hervorrufen. So können z. B. Suggestionen sowohl durch Gespräche
mit Außenstehenden als auch aufgrund intrinsischer Gedankengänge auf die
Aussagen Einfluss nehmen.

Entscheidend sind neben diesen genannten Faktoren vor allem die Motive und Bedürfnisse einer Person. Wer z. B. bewusst eine Falschaussage trifft, wird in der
Regel dafür einen Grund haben. Dieser kann beispielsweise in einem großen
Geltungsbedürfnis liegen, im Selbstschutz oder in eigenen Vorteilen begründet
sein. Doch auch andere Motivationsaspekte, wie die Reaktanz, können ebenso ein
ausschlaggebender Faktor sein, um eine wahre oder eine falsche Aussage zu treffen.
Eine Lüge ist auch dann gegeben, wenn ein vermeintlich Beschuldigter, der
tatsächlich unschuldig ist, ein Schuldeingeständnis vornimmt, weil er sich hierzu
gezwungen sieht, obwohl er die Wahrheit kennt, diese aus dem Gedächtnis
abgerufen und entsprechend ausgesagt hat.

Erst durch die Recherche zu den einzelnen Faktoren, dem aktuellen wissenschaft-
lichen Stand und der weiteren Entwicklung in diesem Gebiet, ist mir die erhebliche
Verantwortung der Rechts- bzw. Aussagepsychologie bewusst geworden. Der
daraus resultierende Beitrag zur Aufklärung von Verbrechen, der Erkundung
menschlichen Verhaltens und dem Schutz von Leben ist m. E. sehr wertvoll. Aus
wissenschaftlicher Sicht lassen sich hierdurch unterschiedliche Theorien und
Modelle miteinander verknüpfen. Diese verschiedenen Blickwinkel reflektierend
auf Rechtsfälle zu übertragen, könnte auch den Stand der jeweiligen Forschung
voranbringen, da Daten generiert werden können, die man sonst wahrscheinlich
nicht erfassen oder berücksichtigen könnte bzw. würde. Die Rechtspsychologie ist
eine vergleichsweise junge Wissenschaft, vor allem im Kontext der Psychologie.
Es ist zu erkennen, dass die Vertiefungsmöglichkeiten in Rechtspsychologie, die
Anzahl der Professuren und das Angebot an eigenständigen Masterstudiengängen der
Rechtspsychologie an den deutschen Hochschulen recht deutlich zunehmen. Daraus
lässt sich schließen, dass die Rechtspsychologie als Anwendungsfach innerhalb der
Psychologie auch in den nächsten Jahren deutlich an Bedeutung hinzugewinnen wird
(Köhler & Scharmach, 2013, S. 466).

4 Literaturverzeichnis

Artkämper, H. & Schilling, K. (2014). *Vernehmungen. Taktik, Psychologie, Recht.* 3. Auflage. S. 50 - 54. Hilden: VDP GmbH Burchvertrieb.

Atkinson, R. C. & Shiffrin, R. M. (1968). *Human memory: A proposed system and its control processes.* In: Spence, K. W. & Spence, J. T. (eds): *The psychology of learning and motivation,* pp. 89 – 195. Press, 2, Academic.

Brunstein, J. C. (2018). *Implizite und explizite Motive.* In: Heckhausen, J. & Heckhausen, H. (Hrsg.): *Motivation und Handeln.* 5., überarbeitete und erweiterte Auflage, S. 269 – 296. Berlin, Heidelberg: Springer-Verlag.

Buchner, A. (2012). *Funktionen und Modelle des Gedächtnisses.* In: Karnath, H.-O. & Thier, P. (Hrsg.): *Kognitive Neurowissenschaften.* 3., aktualisierte und erweiterte Auflage, S. 541 - 551. Berlin, Heidelberg: Springer-Verlag.

Ebbinghaus, H. (1913). *On memory: A contribution to experimental psychology.* Hrsg.: Teacher College. New York 1913.

Halbwachs, M. (1991). Das kollektive Gedächtnis. 2., Auflage. Frankfurt a. M.: Fischer Taschenbuch Verlag.

Klingenberg, S. (2017). Zeugenaussage vor Gericht - welche Rechte und Pflichten bestehen? 25.01.2017 https://www.juraforum.de/ratgeber/-zivil-prozessrecht/rechte-pflichten-als-zeuge-was-ist-bei-der-aussage-vor-gericht-zu-beachten [Zugriff am: 01.08.2020].

Knopf, M., Goertz, C. & Kolling, T. (2011). *Entwicklung des Gedächtnisses bei Säuglingen und Kleinkindern.* Psychologische Rundschau, 62. Jg., Heft 2, S. 85 - 92. URL: https://doi.org/10.1026/0033-3042/a000070 [23.07.2020].

Köhler, D. & Scharmach, K. (2013). *Zur Geschichte der Rechtspsychologie in Deutschland unter besonderer Betrachtung der Sektion Rechtspsychologie des BDP. Diagnostik in familienrechtlichen Verfahren,* 23 (2). S. 455 -468. Deutscher Psychologen Verlag GmbH

Kuhl, J. (2018). *Individuelle Unterschiede in der Selbststeuerung.* In: Heckhausen, J. & Heckhausen, H. (Hrsg.): *Motivation und Handeln.* 5., überarbeitete und erweiterte Auflage, S. 389 - 422. Berlin, Heidelberg: Springer-Verlag.

Mair, J. & Hacke, W. (2016). *Gedächtnis.* In: Hacke, W. (Hrsg.): *Neurologie.* 14. Auflage, S. 85 - 117. Berlin, Heidelberg: Springer-Verlag.

Pohl, R. (2007). *Das autobiografische Gedächtnis. Die Psychologie unserer Lebensspanne*. Stuttgart: Kohlhammer.

Retz-Junginger, P. & Retz, W. (2019). *False Memory: Die Fehlbarkeit von Gedächtnisleistungen in Gerichtsprozessen*. In: PSYCH up2date. 13 (06), S. 519 - 536. Thieme eRef. https://eref.thieme.de/ejournals/2194-8909_2019_06#/10.1055-a-0877-2248 [Zugriff am 25.07.2020].

Rohmann, J. A. (2018). *Erlebnis und Gedächtnis. Charakteristika-Mängel-forensische Bedeutung. Eine Übersicht. Praxis der Rechtspsychologie*. S. 23 - 59. Deutscher Psychologen Verlag GmbH.

Schneider, W. & Lindenberger, U. (2012). *Gedächtnis*. In: Schneider, W., Lindenberger, U., Oerter, R. & Montada, L. (Hrsg.): *Entwicklungspsychologie* (S. 413 - 432), 7. vollständig überarbeitete Auflage. Weinheim: Beltz.

Schooler, J. W. & Loftus, E. F. (1993). *Multiple Mechanisms mediate individual Differences in Eyewitness Accuracy and Suggestibility*. In: Puckett J. M & Reese, H. W. (Hrsg.): *Mechanisms of everyday Cognition*. S. 177 – 203. New York: Wiley.

Schulz von Thun, F. (2010). *Miteinander reden: 1. Störungen und Klärungen: Allgemeine Psychologie und Kommunikation*. Auflage 48. Reinbek: Rowohlt Taschenbuch Verlag.

Schulz, J. B., Hess, K. & Ludolph, A. C. (2019). *Kognitive Einschränkungen und Demenzen*. In: Hacke, W. (Hrsg.): *Neurologie*. 14. Auflage, S. 645 – 663. Berlin, Heidelberg: Springer-Verlag.

Steller, M. (2020). *Psychologische Glaubhaftigkeitsbegutachtung bei Geständnis und Geständniswiderruf*. In: Praxis der Rechtspsychologie. Juni 2020, 30 (1), S. 65 - 82. Deutscher Psychologen Verlag GmbH.

Tulving, E. (1999). Study of memory: Processes and systems, In: Foster, J. K. & Jelicic, M. (eds): Memory: systems, process, or function?, pp. 11 - 30. New York: Oxford Univ. Press.

Volbert, R. (2008). *Suggestion*. In: Volbert, R. & Steller, M. (Hrsg.): *Handbuch der Rechtspsychologie,* S. 331 – 341. Göttingen: Hogrefe.

Welzer, H. (2017). Das kommunikative *Gedächtnis*. 4. Auflage 2017. München: C.H.Beck oHG Verlag.